李安的数学冒险

空间

韩国唯读传媒　著

袁少杰　译

快乐地学数学

面对当今高科技的数字化时代，数学素养是创新型人才的必备素养。

数学学科是一门符号性质的抽象学科，是思维的体操，因此"爱学"、"会学"数学应该是培育数学素养的主要渠道。三到十岁的孩子正处于以具体形象思维为主导逐步转向以抽象思维为主导形式的阶段，在面对他们时，如何才能让他们快乐的学数学、为数学素养打下基础呢？近期我阅读到一套科普漫画《李安的数学冒险》，作者对这套书的架构和表述形式有一定的新意，并且本书也对培养孩子的数学素养有很好的促进作用。

首先，这套书采用的卡通漫画的形式，并且在富有挑战性故事中自然的插入这个年龄阶段该学的数学知识和概念。好奇心是孩子与生俱来的心理素养，孩子们对世界充满好奇，喜欢挑战、喜欢卡通人物以及他们的故事，所以这套书地形式和内容是符合这个年龄段孩子的心理需要的，因此这样的学习是快乐的。快乐的情绪就能产生"爱学"的行为，有了爱学数学的行为就有了主动学习数学的内驱力。

其次，本套书在数学知识的呈现上，可以较好地把孩子学习过程中使用的三种表征即动作表征、形象表征、符合表征和谐的结合起来。如《李安的数学冒险——加法和加法》这册书中关于学习进位加法这部分内容，从生活情境出发，从取盘子这件小事儿入手。书中人物先取了 29 个盘子，后又要取 7 个盘子，问一共取了多少盘子。本书在解答这个问题时层层递进，先把实际问题转化成模型，用模型表示 29 和 7 这两个数字，之后再引入数学符号 $\begin{array}{r}29\\+\ 7\\\hline\end{array}$，这样的知识建构是符合这个年龄阶段孩子的认知规律的。

　　最后本套书能够注意在知识学习中渗透思维发展，让孩子在计算中学会思考，如《李安的数学冒险——加法和加法》这册书中关于进位加法的学习，在解答问题之前，先展示了孩子在学这部分知识时会出现的普遍性错误，如：

$$\begin{array}{r}29\\+7\\\hline 99\end{array}\qquad\begin{array}{r}29\\+\ 7\\\hline 16\end{array}\qquad\begin{array}{r}29\\+\ 7\\\hline 216\end{array}$$

　　让孩子在判断正误时想一想、说一说，从中学会数位、数值的一些基本概念，并再用模型验证进位的过程。

　　孩子在这样的学习过程中可以学会独立思考，学会思考是数学素养的核心素养也是教育者送给孩子最好的礼物。

张梅玲

张梅玲，中国科学院心理所研究员
著名教育心理学家
长期从事儿童数学认知发展的研究

⚙ 人物介绍

李安（10岁）

现实世界的平凡学生，
喜欢与魔幻有关的小说、
游戏、漫画、电影，
不喜欢数学。

武器：悠悠球。

爱丽丝（7岁）

魔幻世界的公主。
富有好奇心。

武器：魔法棒。

菲利普（10岁）

魔幻世界的贵族，
计算能力出众。
剑术和魔法也比
同龄人强。

武器：剑。

诺米（10岁）

喜欢冒险、
活泼开朗的精灵族。
图形知识丰富。
使用图形魔法。

武器：弓。

帕维尔（10岁）

矮人族，擅长测量相关的数学知识。

武器：斧头，锤子。

吉利（13岁）

能变身为树木的芙萝族，学过所有的数学基础知识和魔法。

武器：琵琶。

沃尔特（33岁）

奥尼斯王宫的近卫队长，数学和魔法能力出众。擅长使用机器，为爱丽丝制造了一个机器人。

纳姆特

沃尔特为了保护爱丽丝而制造的机器人。

被李安击中之后成为奇怪的机器人。

本书中的黑恶势力

佩西亚

找到了"浑沌的魔杖"想要称王的叛徒。为了抢夺智慧之星，他一直在追捕李安和爱丽丝

武器：浑沌的魔杖。

西鲁克

佩西亚的忠诚属下，也是沃尔特的老乡。由于比不过沃尔特，总是排"老二"。所以他对沃尔特感到嫉妒和愤怒。

达尔干

奥尼斯领主德奥勒的亲信，但其实是佩西亚的忠诚属下。作为佩西亚的情报员，向佩西亚转达《光明之书》的秘密。

奴里麻斯

佩西亚的唯一的亲属，是佩西亚的侄子。从小在佩西亚的身边长大，盲目听从佩西亚。

旅程的开始

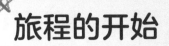

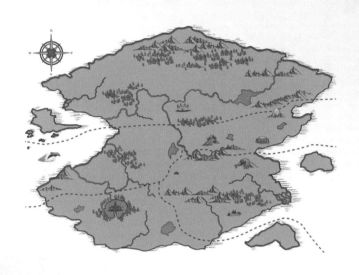

李安在现实世界是个不喜欢数学的平凡少年。

有一天，李安在博物馆里发现了一本书并连同书一起卷入了魔幻世界。

在魔幻世界，恶棍佩西亚占领了和平的特纳乐王国。

佩西亚用混沌的魔杖消除了世界上所有的数学知识。

没有了数学的魔幻世界陷入一片混乱。

沃尔特和爱丽丝好不容易逃出了王宫。

李安遇上沃尔特和爱丽丝，开始了冒险之旅……

目 录

1. 艾尔菲那

沃尔特队长会没事的，对吧？

当然了！等我们回来的时候，他应该就会都没事了。

没错儿！我们跟他说再见的时候，他都还在微笑呢。

当你们找到第二个碎片的时候，我应该就会完全恢复了。

对哦……

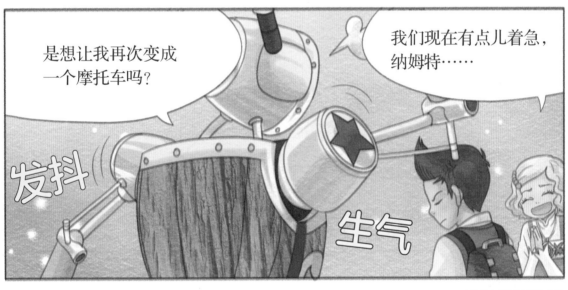

我才不吃这个呢！

帕维尔，
这也太没礼貌了！

你不能那样直接把
食物吐掉啊！

那又怎样呢？
这些小丸子根本都不是
真的食物啊！

涌出

出现

随你们的便吧！
大家一起上！

爱丽丝！

正前面有一
只蚂蚁怪！

前面？

哼！我们过会儿再收拾你们！

爱丽丝，你为什么要把你的魔杖扔向我啊？

因为你说了在前面有一个蚂蚁怪呀！

对啊！我刚才确实说的是在前面。

是我说错了！我的意思是，在我的前面有一个蚂蚁怪！

这是什么意思呀？

是我说错了。我的意思是"在我的前面"，而不是"在你的前面"。

当两个人互相看向对方的时候，需要先决定谁是说话的中心。

"中心"？

当时，我们两个面对面站着。从我站的角度看，那些蚂蚁怪是出现在了我的正前面，

但是从你站的角度看，那些蚂蚁怪是出现在了你的后面。

李安	爱丽丝	蚂蚁怪

啊哈！那些蚂蚁怪是在李安的前面，但是它们是在我的后面！

对了！当两个人面对面站着的时候，他们要先明确"前面"指的是从谁的前面。

在我的前面……
在我的后面……

哦!

李安!
在你的后面!

什么?

甩
挥
打

啊呜！差一点就抓到他了！

帕维尔！菲利普！

话说……这些蚂蚁怪到底是从哪儿冒出来的啊？

环顾

四周

纳姆特去哪儿了？纳姆特！

先生，您是精灵族的吗?

你可不用称呼我为"先生"。我的确是精灵族的。我的名字叫拉顿。

我叫菲利普。

我叫帕维尔。

他们几个是谁呢?

我叫李安。

我叫爱丽丝。

我记下了。
见到你们真开心。

但是你们这是要去哪儿啊？

到艾尔菲那去。

你们为什么要去艾尔菲那呢？

是因为《光明之书》。

哈哈，就是想来一场旅行。

你们去那里，只是为了一场旅行？

您知道去艾尔菲那有什么近道吗？

哇！

当然知道了。

我有个朋友，它可以带你们马上就到那里的。

吹

口

哨！

扇

动

这是我的朋友，她是一只独角兽，名字叫拉菲娜。

独角兽……我以前可从来都没见过！

真的吗？很荣幸呢。拉菲娜，这几个是我们的新朋友。

拉菲娜可以带我们到那个城市去。

哇！这可太刺激了吧。

但是，我们这么多人能坐得下吗？

不用担心。只要我们从前往后挨个坐好，就能坐得下了。

哇！我知道什么是从前往后！

真的吗，小姑娘？

我会坐在最前面，因为我是最小的！

下一个就是我了！

这就没什么空间了吧……

对视

拉菲娜！

展开

帕维尔可以坐在一边的翅膀上面。

我也想坐到翅膀上面！

那么，菲利普先上，我第二个，李安第三个。

听上去不错哟！

怎么样？
我们都坐得下了吧！

我们可以出发了吗？

好耶！

啊，我把纳姆特给忘了！

纳姆特？

他是不是个机器人呀？

是的，他是个机器人。
纳姆特自己会到达艾尔菲那城的。

他跑的可快了！没有我们拖累，说不定他能更早地到达那里。

纳姆特，
我们先出发了！
我们在艾尔菲那城见！

哇
啊
啊
啊

好了，
我们起飞了！

2. 黑暗的游戏

你们几个小朋友要不要参观一下艾尔菲那城里最著名的景点呢？

最著名的景点是什么呢？

就是宝宝露天剧场。你听说过吗？

哇，那当然了！我真的很想去看看！

它在哪里呀？

就在那儿，非常的近。

我们没多少时间了……

可是每个人都想去。

尤其是爱丽丝！

我想我也没办法阻拦大家吧。

那是？

那只乌鸦在那儿做什么呢？

李安，快来呀！

你为什么只是站在那儿不动呢？快过来呀！

刚才有一只乌鸦在我的头顶上面盘旋。

什么乌鸦？

我没看到有什么乌鸦啊。

我也没看到……

对不起，让你们久等了。

没关系的。

你刚才说，乌鸦在你的"头顶上面"是什么意思呀？

嗯？

乌鸦在天上飞啊。

从我站的地方来看，乌鸦是在我的头顶上面飞的呀。

那这里要怎么说呢？

那儿叫作"下面"。

不对吧，那里是地面啊。

那的确是地面没错儿，但是它也被叫作"下面"。

这里是上面，这里是下面。

孩子们，到这边来！

这也太壮观了！

跑下 跑下 下

他们跑的可真快。

就像一群乌鸦一样。

李安，我们也下去好好儿逛逛吧！

达尔干！

你是什么时候来到这儿的。

就在刚刚。

我跟着那只乌鸦——我的意思是，我跟着你就来到这儿了。

佩西亚大王很依赖于你呢，塞伯鲁斯。

他很快就会得到他想要的一切了。

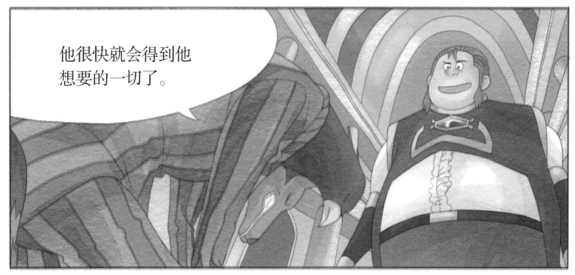

哇！这个露天剧场可真大啊！

我不明白，这里的东西都去哪儿了？

别担心这个。

那边是什么？

那些？那些是座位啊，就是用来坐着观看演出的地方。

那么这里又是做什么的呢？

这里就是舞台了。演出就是在这儿进行的。

上，下？
上面，下面？

对极了！
你现在已经完全
明白了！

啊！

怎么了？

快看那边！在第五个
台阶上有什么东西！

啊？真的有什么
东西放在那儿！

帕维尔，那是什么呀？

@#@#@%$#^!

你在说些什么呀？快下来再说！

啊……这是用精灵语写的。它上面写着"眼罩"。

眼罩？您的意思是，这是用来蒙眼睛的东西？

是的，有的时候我们会用眼罩蒙上眼睛来玩游戏。

听上去很好玩的样子！

一切都进行的很顺利呢。

还好，知道它不是一个妖怪，我还是松了一口气呢。

呼

我们也来做游戏吧！那一定很有趣！

这个女孩真的是爱丽丝吗？

就是她！拉顿，把她带到我这儿来！

李安，难道你不觉得这个露天剧场是个很神奇的地方吗？

这个……

怎么了吗？

在我的世界里，也有一个类似这样的地方。

真的吗？在你的国家里吗？

它并不在我的国家。但是我在互联网上看到过它。

互联网？
那又是什么呀？

李安！爱丽丝！

菲利普正在喊我们呢！我们先过去吧。

你们几个看起来都很累了。

我们玩个游戏怎么样？

好呀！

太棒了，我们来玩"黑暗的游戏"！

黑暗的游戏?

那是什么?

哇,我敢说那一定很好玩!

要想玩"黑暗的游戏"……

我们首先必须分成两人一组。

现在每个人都有自己的搭档了吗？

有了！

然后，其中一个人需要戴上一个眼罩。

哇！

这个是给你的！

这个可真漂亮！

两个搭档中只有一个人需要带上眼罩。

我来戴吧！

棒极了！现在，另一个搭档需要给你们戴上眼罩的同伴引路。

引路？

你们需要在不牵手的前提条件下，让自己的搭档知道要去哪儿。

那怎么能做到呢？

我们只需要告诉你们怎么走就好了。

你们觉得能做到吗？

我有一个小问题！

怎么判断哪一方是赢家呢？

对啊！游戏的规则是什么呢？

最先绕着露天剧场走完一圈的小组获胜。

明白了！谁先绕场一圈谁就赢了！那我们组一定会赢的！

我很确信我们才是会赢的那组！

大家都准备好了吗？
预备，出发！

我看不见，我在
朝着哪儿走啊！

没关系的，
帕维尔。

李安，你能搞定的，
对吧？

不费吹灰之力！

好的！站起来，笔直地朝前方走。

继续直着朝前方走。

啊……但是……

继续向前走！

怎么啦？现在我该怎么走了？

嗯……
这个……

嗯……
朝着旁边走！

旁边？

咣！

对了，帕维尔现在到哪里了？

啊，他现在正向你这边走来……

朝左面转身！

?

咣当！

哎呦！

哈哈哈，帕维尔也搞不明白呀！

拉顿。我想先教一下爱丽丝和帕维尔什么是左和右，您介意吗？

当然不介意了。

谢谢您了。

爱丽丝，帕维尔。人们用一些词语来描述方位。

比如"右"和"左"。

"右"？"左"？

是的，举起你们的一只手。

举了!

我也举了!

好的,现在告诉我你们分别举的是哪只手?

我举的是左手。

我举的是右手!

好的!现在想一下你们刚才是怎么称呼你们的手的。右手,左手……

啊!我的左手在我的左面!我的右手在我的右面!

就是这样的。

啊，我也明白啦！
左面！右面！

太棒了！

我们要继续开始吗？

好呀！

预备……

……出发！

向左边转身！

好的！

转

你们都到达了终点线！现在你们可以摘下眼罩了。

获胜的一方是……

这是个平局！你们同时到达了终点。

太棒啦！

平局啊……

怎么了，李安？

没什么。

没关系的，有什么话你可以直接说出来的。

我只是喜欢获胜的感觉啦……

难道就必须要有一个赢家或者一个输家吗？

只不过是我喜欢获胜罢了。

嗯……那，我们要再玩一次吗？

我参加！

我才不要呢。

为什么他不想再玩一次呢？

是因为是同一个游戏的原因吗？让我想想……

要不我们这次玩点儿不一样的吧？

大家戴上眼罩，我来讲解游戏规则。

哈？

我们不会撞到对方吗？

你们可以分开站着啊，这里空间这么大。

我们要怎么做才能赢呢？

这很简单。

第一个到达终点线的人就是获胜者了。

你们觉得怎么样？
我们要开始玩吗？

听起来很不错呢！

大家都准备好了吗？

准备好啦！

那好，开始！
向前方走5步。

向右转。走7步。

在你们所在的地方原地转3圈！

再向左转，走10步。

啊！我晕了！

快起来啊，帕维尔！
接下来，向右转，再走15步。

啊，这也太难了。
我也不想再玩下去了！

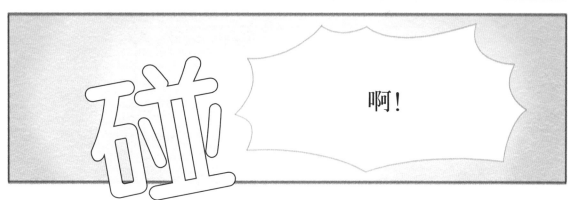

碰

啊！

嘘……
我告诉你一条近道，爱丽丝。

是真的吗？

当然了。我会让你得第一的。

哇！

好痛啊!

啊!

咣当

哎哟!

拉顿!我现在能把我的眼罩摘下来了吗?

我也想停下来了!

拉顿?

朋友们！拉顿不见了！

你在说些什么啊？

啊，他真的不见了啊……

啊！爱丽丝也不见了！

你说什么？！

啊，对！

不……不会吧！

李安！看看《光明之书》！

松口气

不过，爱丽丝去哪了？

我们必须要找到爱丽丝！

爱丽丝！
爱丽丝！

你们在干嘛？

咦？

你们为什么在这里找爱丽丝？

3. 寻找爱丽丝

我是隐身了吗，
还是怎么了？

诺米！

纳姆特！

当我在执行一项任务的时候，
偶然间就碰到了纳姆特，我们
在一起好一阵子了。

嗯哼！

你们这几个家伙为什么
看上去那么难过呢？
还有，你们怎么会在找
爱丽丝？

诺米，你有见到过爱丽丝吗？

爱丽丝？

她怎么可能会见过爱丽丝？

我们刚才正在玩一个游戏，可是爱丽丝忽然就不见了。

她不见了？就她自己吗？

不是，她和拉顿一起不见的。

拉顿？

你认识他吗？

这可不好说。拉顿可是个很普通的名字。

啊……我们现在该怎么办呢？

你们说的这个拉顿……他长什么样子啊？

他很高，像沃尔特先生一样。

才不是呢，他可没那么高！而且他很丑！

很丑？很丑的精灵？

他的相貌很普通的。

每个精灵都有一头长发的。

哦对了，他的头发特别长！

好啦。让我们从不同的角度来描述这个人吧！

拍手

好的！

那好，他的名字叫作拉顿。我们先从"他很高"开始。从正面看，他是什么样子的呢？

他的脸很小，皮肤很白。

他有一双蓝绿色的眼睛。

他没有留胡子。

从背面看，他是什么样子呢？

他有一头波浪形的金色长发。

而且他还穿着一身银色的斗篷。

我还是想象不出他的样子……

要是现在手里有一台照相机就好了……

啊，对了！他的独角兽！

是的，还有那个独角兽！

独角兽？那只独角兽的名字叫什么呢？

它的名字是拉菲娜。

啊……我想我知道你们说的是谁了。

但是有个问题！

那个拉顿他并不住在这里啊。

他不住在这里？

如果这是真的话，我们就别想找到他了⋯⋯

真不幸。

嘿！
这段时间你们这三个家伙都在干什么啊？

你们怎么还能让爱丽丝不见了呢？

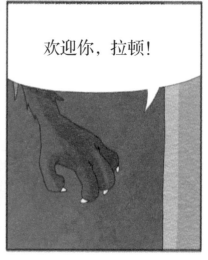

欢迎你，拉顿！

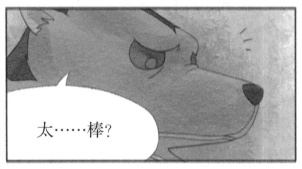

我以前从来没有见过长着三个头的人呢！

听好了，小家伙。我可不是人！

啊，这些动物还会说人话！

好吧，毕竟我是一个妖怪……

哇，你甚至还会放电呢！

别再让我更生气了。

如果我有伤害到您的感情的话，我很抱歉。

想要伤害到我的感情，这还远远不够。

这样啊，好吧。

我看到你有一个客人来访呢。

爱丽丝，你最近过的可还好？

啊！是你，达尔干！

那个人是一个坏人！

你太吵了。

你刚才跟我说……

这就是我无法忍受小孩的原因。

她是一个人到这儿的，对吧？

如果是这样就最好了，拉顿！

带这个小话匣子去看看她的房间吧。

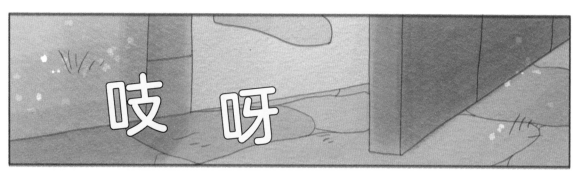

安静地呆在这儿。

推

咣！

拉顿！

这个房间太黑了，
也太可怕了……

您好，打扰一下，我们在找一个人类女孩，她叫爱丽丝。

您有见到过她吗？

我也不是很确定啦……

如果像这样下去的话，我们永远都没办法找到她。

你说得很对。

我们要不要试着画一幅她的画像？

你的意思是我们应该画一幅爱丽丝的画像？

这真是个好主意！

好呀，我们赶快画吧！

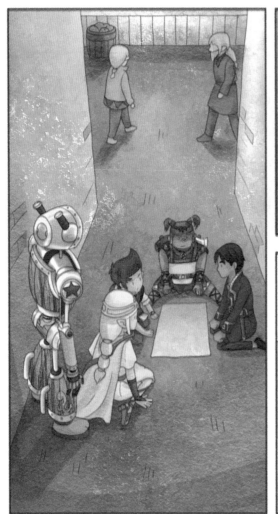

......

这比我想象中的要难。

哎

嘿，你怎么什么都不画呀？

你可以帮帮我们啊，纳姆特。

我怎么帮忙呢？你有见过机器人画画吗？

唔……爱丽丝长什么样子来着？

......

我们要不要先在脑海中回忆一下爱丽丝的形象？

爱丽丝……

……很矮，有一头金色的头发。

我从正面看过爱丽丝好多次了。

这是她从正面看过去的样子。

我和爱丽丝挽过胳膊。

这是她从侧面看过去的样子。

我很了解爱丽丝从背后看的样子。

这肯定是她从背面看过去的样子。

然后那我们从正面、侧面、背面分别画出爱丽丝的样子。

好啊，这个主意真不错。

爱丽丝一直都这么丑吗？

只要能帮助我们找到她就行了！

嗯哼！
赶快行动起来，
开始找吧！

不要忘记那个计划。

您好，打扰一下，您有见过这个女孩吗？

我不太确定……

谢谢您！

我见过她。

什么？您见过她？

唔……是的。
我……我见过她。

您是在哪里
见到她的？

是啊，
在哪儿呀？

塔塔罗斯。

什么？

她在塔塔罗斯
里面。

您能再确认一遍吗？

您确定这个女孩就是您见过的那个？

个子不高，卷曲而金黄的头发，大眼睛，125厘米身高，7岁。

我还需要说更多吗？

你为什么会这么惊讶啊？塔塔罗斯又在哪儿？

唔……这个……

你们大家听说过塞伯鲁斯吗？

当然了！他是一个长着三个头的妖怪！

塔塔罗斯就是塞伯鲁斯住的地方。

你是说，爱丽丝现在正在那个怪兽的家里！

正是。

那是一个非常危险的地方。

最重要的是，我甚至都不知道它在哪里。

李安，要不你问一下
《光明之书》吧？

问它什么
问题呢？

塔塔罗斯到底是个什
么样的地方，以及在
哪儿才能找到它。

快做吧！

《光明之书》？
那是什么东西？

那个……

诺米知道的话，
是没关系的。

诺米，只要你
亲眼看到它，你就
会明白了。

它为什么没有反应呢？

它应该怎么样呢？

我们要再试一次吗？

不用了。

看上去这次这本书没办法给我们答案。

所以这是一本魔法之书吗？

差不多吧。

我们直接去塔塔罗斯就好了。

说得对！爱丽丝可正处于危险之中呢！

但是我们怎么去那里呢？

啊！有一个方法！

4. 前往塔塔罗斯

怎么去呢？

如果我们要去塔塔罗斯的话，需要先买一些东西。

在这儿等我。

这个是蜂蜜面包。

我们开吃吧!

不行!这些是我们之后要用到的东西。

你那个包包里,还装着什么呀?

这个……

……是一个指南针。

我们要用它来做什么？

嗯哼？

它会帮助我们确定北方、南方、东方和西方。

北方，南方，东方，还有西方？

它可以帮助我们确定方位。

我们已经知道了上面、下面、左面和右面。那这些还不够吗？

当我们在寻找正确道路的时候，上面、下面、左面和右面这些概念非常有用。

但是光有这些还不够。

这就是为什么我们也需要北方、南方、东方，还有西方。

是的，再看一下指南针。

"N"代表了北。

"S"代表了南。

北方地区是被寒冰精灵纳瑞乌斯统治的。

南方地区是被温暖精灵桑托斯统治的。

"E"代表了东。

"W"代表了西。

东方地区是由诚实精灵伊欧娜统治的。

西方地区是被开朗精灵维斯托斯统治的。

我想我明白了。

抓紧

让我们把这个固定在纳姆特身上，让他先变成一辆摩托车！

啊嗷

又来？不要！

但是，你忘了爱丽丝还处于危险中了吗？

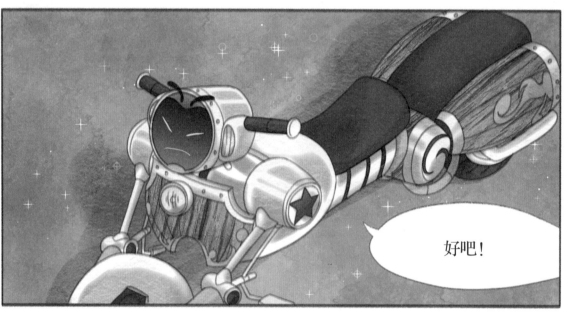

好吧！

好伙伴纳姆特！谢谢你了！

这让我想起了我爸爸的汽车了……

李安，你在想什么呢？

我只是刚想到了我爸车上的GPS全球定位装置。

全……定……什么？

没什么……

我想回家了。

李安，我们走吧。

我来啦!

嗡
嗡
嗡

当我在这里的时候,
我也要尽我所能!

我们走吧!

嗡嗡嗡嗡

大家一定都担心坏了吧。

坐起

我要想办法离开这儿。

啊，不好。这个门上锁了。

刷啦啦

万幸的是我带了我的魔杖。

?!

吱呀呀

我看到你好像有一个很好玩的玩具哟……

那不是玩具。

达尔干!

现在，就现在……把那根魔杖交给我！

我不要！

你这个淘气的小姑娘！我不仅仅要拿走你的魔杖！

我还要再拿走另外一件东西。

那条项链!

你休想拿走它!

不要!
你滚开!

把它给我!

达尔干先生。

怎么了?

塞伯鲁斯先生正在找您。他说他对一些事情有一种奇怪的感觉。

挠头

好吧……我会去找他的。

我还会回来的，爱丽丝。

扭头

呜哇……我真的不能继续走了。

纳姆特！

我们还需要走多远？

我们走错路了吗？我们再来对照地图和指南针看一遍。

这可真是个好问题！

点头

我们通常把它叫作西北方向。

在南方与西方之间的方向就被称作西南方向。

所以，在东方和西方交汇的位置上……

等一下！它们永远不会交汇！

太棒了！

我完全休息好了！让我们继续上路吧！

你感觉好些了吗？

拉顿，你为什么要帮助那些坏人呢？

你看起来可不像是一个坏人啊。

佩西亚大王给了我一个承诺。

他说他要构建一个更加宏伟的世界。

你告诉我说那些孩子们已经踏上了塔塔罗斯的土地?

啊呜!我真的受不了了啊!一个小孩就够糟糕的了,现在居然多了一群小孩子!

发抖   发抖

你什么时候去见佩西亚大人呢?快把那些小东西带走!

他们一定是来营救爱丽丝的。这也太棒了!

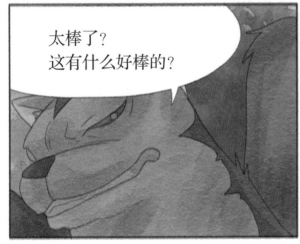

太棒了?
这有什么好棒的?

《光明之书》呀……

《光明之书》？

好像也用不着告诉他关于
《光明之书》的事情。

我的意思是说，欺负那些小
孩子们可真令人开心呢，
哈哈哈！

唔……我已经到了我能
容忍的极限了……

拉顿！把爱丽丝给我带到这儿来！

为什么啊？

因为她很可能尝试着要逃跑。

我有一种感觉，这里的事情要开始变得有趣起来了呢。

哈哈哈哈

光是想想能看到那些孩子们挣扎的样子，就觉得有趣得很呢！

5. 营救爱丽丝

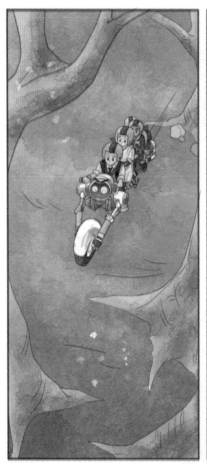

啊，那儿有一座城堡！

看起来就是它了！

你的意思是爱丽丝就被关在里面？大家跟我把这个门给拆了吧！

生气

等一下！

为什么要等一下呢？

有可能会有陷阱呀。我们大家还是要小心为上。

没错儿……大家要保持小心警惕……

扔

轰隆

嘶……

我们先四处看看吧。一定要小心警惕，以防还有其他陷阱。

他们比我想象中的
要聪明一点儿啊。

他们总是很狡猾。

你就准备站在那边看好戏，
任由这些孩子们侵犯我的这
座城堡吗？

先别急嘛。
我有个好主意。

什么好主意？

难道你现在不信任我了吗？

盯

好吧，这也难怪。
你很快就会足够信任我了。

呵呵

只要你按照我说的去做，
一切都不用担心的。

哇！它看起来就像一个公寓大楼一样！

公寓大楼……是什么啊？

就是在我的世界里的一种建筑。

我们要怎样才能进去呢？

我们现在应该找一把梯子……

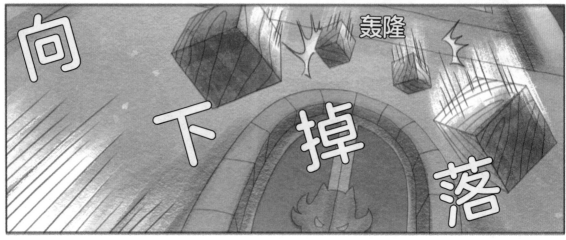

轰隆

向下掉落

大家当心！

木制的小方块？

在艾尔菲那，所有的小方块都这么大的吗？

不，它们没有这么大……

啊，我觉得这些是建筑用的小方块。

建筑用的方块？

真遗憾！等我能回到学校的时候，我一定要再多学一点。

哇哈哈哈哈！

小家伙们，你们觉得我送给你们的礼物怎么样啊？

塞伯鲁斯！

没错儿！正是在下！我可没记得有邀请过你们到我的城堡来！

就是你把爱丽丝关在里面吗？

进来呀，你们自己来找啊！

我们走！

向下掉落！！

如果你们想进入我的城堡，你们必须先回答几个问题！

回答问题？！

如果你们回答出来了，你们可以进入城堡，还可以把爱丽丝带走。

如果你们没回答上来的话……
你们必须投降，把你们所有的东西都给我！

如果我们不答应呢？

那么你们就休想带走爱丽丝！哇哈哈哈哈！

......

好吧!
告诉我们第一个
问题是什么?

为什么必须和这些我最害怕的东西扯上关系呢?

棒极了!
今天的问题和这些建筑方块有关。
你们准备好了吗?

哈哈！把这些小东西收拾的服服帖帖的！

大笑

你说得对！欺负这些小孩子们的确很有趣！

!!

击掌！

爱丽丝，能再看到你的朋友们，感觉如何呀？

他们为什么在外面？他们为什么不进来？

并不是所有人都能够进入这座城堡！

睁大眼睛好好看着，你就会明白为什么了！

既然这样，那我也要走了。

闭嘴！乖乖呆在那里，给我看好了！

我们可以开始了吗？还是你们已经放弃了呢？

开始吧！

在你们面前放着的，是建筑用的方块！

请用4个方块，堆成一个3层的形状。

一个有3层的形状……

你们要把所有能堆出来的形状，都展示给我看！

营救爱丽丝 131

他这是在说些什么啊？

建筑方块？3层的形状？

建筑方块是……

一些小方块，你可以用它们摆成不同的形状。
举个例子，我可以用1个方块……

摆成这样的1种形状……

如果我们使用2个方块的话……

我们可以堆出什么不同的形状呢？

这个我来吧！

看这个！我们可以横放堆出这个，也可以竖放堆出。

说的没错儿，菲利普！

啊，我觉得我好像也明白了！

正是这样。只用2个方块，我们就可以堆出2种不同的形状了。

可是……塞伯鲁斯居然让我们用4个方块！

的确会更复杂一点儿，但是我们先来简单看一下！

这些是1层的形状。

这些也是只有1层的形状。

我来堆出2层的形状。

现在我们要开始堆出3层的形状了。

我们大家一起来吧，菲利普！

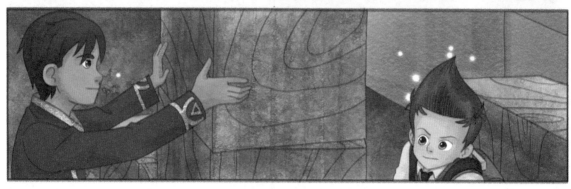

弄好了！
这些就是我们能堆出的所有3层的形状了。

那些小东西居然成功了！

哇！大家伙儿
干得好啊！

我真不敢相信他们居然回答
出来了我的问题。
接下来我们要做什么呢？

唔……

上吧！

啪

窃窃
私语

我们现在可以进去了吧？

先等等吧。塞伯鲁斯不会那么轻易地放我们进去的。

哈哈哈，你是怎么知道的？

塞伯鲁斯！

第一个问题只是个开胃小菜。你们准备好接受第二个问题了吗？

不要！

你们根本没有选择！

首先，把你们刚才做好的3层的形状推倒！

好浪费啊……

浪费？

我们一定要救出爱丽丝！

大力推倒

现在……往后退，然后等着。

重新堆成你们刚才看到的那个形状。

什么？你一开始就应该告诉我们啊！

对啊！

如果你们堆不成那个形状，你们就输了！

我们没什么选择，
我们先好好想一想吧……

这边有2个方块是连在一起的。

对的！左边的方块前面有1个方块，背面也有1个方块。

我来把这个放到那边。

我们弄好啦！
这就是刚才那个形状了！

嗯哼！
我就知道这个问题对于你们来说太简单了。
算你们走运，还有一道题呢！

我们才不要回答！

安静！
现在，好好儿给我看着！

掉落下

嘭！

嘎啦嘎啦

哇，越来越难了！

等我进去之后，可别让我逮到你！

那个形状到底是什么样的？大家好好想想吧。

我在学校的时候，应该回答过类似的问题的。

嗯……

李安！别担心，我都记着呢！

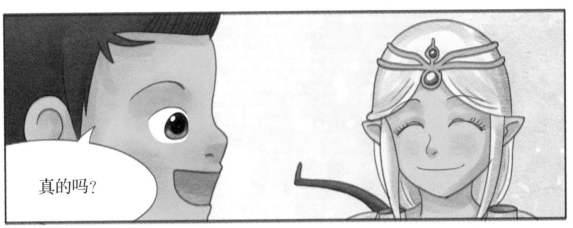

真的吗?

有2个建筑方块紧紧地挨在一起。

左边的方块的前面有1个方块。

啊,在右边的方块的上面也放着1个方块。

这个就是我们要堆出来的形状了!

他们回答出来了所有的问题!

哈哈哈……

但是他们永远也回答不上来这个题……

你确定吗?

很不错哟……但是还没完呢。小家伙们。

什么？还有1个吗？你这是在跟我们开玩笑吗？

你们给我好好听着，按照我的指示照做就行。

嗯哼！尽管来吧！

把2个方块前后挨着放在一起。在第1个方块的左边放1个方块。

再把2个方块上下粘在一起。

把粘好的2个方块放到刚才的方块的右边。

他在说些什么啊？

我真的是无语了！

所以……我们是要先把2个方块前后挨着放在一起……

好复杂呀。

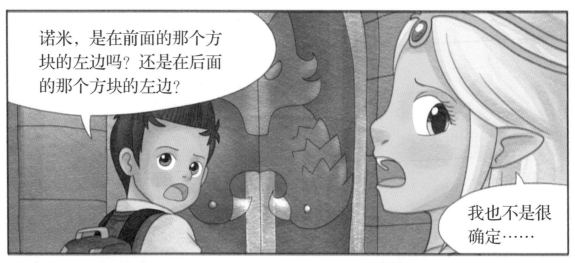

诺米,是在前面的那个方块的左边吗?还是在后面的那个方块的左边?

我也不是很确定……

哈,是在前面的那个方块左边!

没错!就是在前面的那个方块!

但是这2个方块当中,哪一个才是前面的那个方块呢?

是距离我最远的那个方块吗?

还是就在我正前方的这个方块呢?

李安！是在你正前方的那个！你正前方的那个！

安静！

爱丽丝！别动！

啊，对了！这是从我们站的位置来说的。

现在我们把2个方块上下粘起来了。
也把它们放到了右边了。

他们把门打开了！

我们该怎么做？
下一步的计划是什么，
达尔干？

你们……

……都去哪儿了？

你们是怎么找
到我的？

原来你在这儿啊！

接招吧，你这个丑陋的怪物！

猛

推

呃啊啊！

哼哼！你们这群蠢货！我会让你们为自己进来而感到后悔的！

我们打不过他的……

哼！我知道你的弱点是什么！

什么？

射出

接招吧！

射出

那是蜂蜜面包吗？
我的最爱啊！

吞咽

噢噢噢噢，那里有那
么多的蜂蜜面包啊！

吞咽

好好尝尝这些蜂蜜面包
吧，你这个怪物！

这是最后一个了！

我要先走了！但是你们
还是要对付牛头怪的！

刚刚发生了什么？

像他这样的大妖怪，居然被小小的蜂蜜面包击败了？

塞伯鲁斯真的很喜欢蜂蜜面包啊。

等等！
爱丽丝去哪儿了？

对啊，爱丽丝在哪儿呢？

爱丽丝！爱丽丝！爱丽丝！

扇动

啊！拉顿骑上拉菲娜飞走了！

哇！不要啊！爱丽丝！我们该怎么办啊！

我们走了这么远就是为了找她……

爱丽丝！

为什么大家都在哭喊呢？

抬头，向上面看啊！别向下看！

爱丽丝！

拉顿在离开之前，把我举起来放到了天花板的夹层里。

只是可惜达尔干溜掉了。

达尔干也在这里吗？

我讨厌那个家伙！

爱丽丝！

看到你真的太好了！
纳姆特！
哇，还有你，诺米！

太好了，大家都没有受伤！

我们现在要不要打开《光明之书》呢？

"飞天之湖"

飞天之湖？

啊，是飞天之湖！

诺米，你知道它在哪儿吗？

《光明之书》指引我们到那里去。

那我们就去找第二个碎片吧！

我们走！

理解前面和后面

漫画中的数学故事

爱丽丝不理解什么是"李安的前面"。
由于这一点,那些妖怪差点就攻击到了她!

正前面有一只蚂蚁怪!

前面?

当两个人互相看向对方的时候,需要先决定谁是说话的中心。

"中心"?

当时,我们两个面对面站着。从我站的角度看,那些蚂蚁怪是出现在了我的正前面,

但是从你站的角度看,那些蚂蚁怪是出现在了你的后面。

李安　爱丽丝　蚂蚁怪

啊哈!那些蚂蚁怪是在李安的前面,但是它们是在我的后面!

对了!当两个人面对面站着的时候,他们要先明确"前面"指的是从谁的前面。

当我们讨论前面和后面的时候,需要先明确是从谁的视角来看的。

小结

蚂蚁怪　李安　爱丽丝

-蚂蚁怪在李安的后面。
-爱丽丝在李安的前面。

李安　爱丽丝　蚂蚁怪

-李安在爱丽丝的前面。
-蚂蚁怪在爱丽丝的后面。

阅读爱丽丝的日记。在（　　）中正确的词语上画圈。

标题：一次海边的旅行
今天我和沃尔特先生一起去了海边。
在我们的（前面，后面）的大海美丽极了。
我希望我能经常回来看看。
我感到十分的幸福和快乐。

练习01-1 仔细观察图片。选出描述正确的句子。

诺米　　　　　李安　　　　　爱丽丝

①李安在诺米的前面。

②李安在爱丽丝的后面。

③李安在爱丽丝的后面，也在诺米的前面。

④诺米在李安的前面，爱丽丝在李安的后面。

练习01-2 阅读下面的对话。选择出正确的两项。

李　安：4号在最前面。

帕维尔：但是2号紧挨着4号，在她的后面。

吉　利：1号在最后面。

菲利普：如果3号想要赢得比赛，

　　　　　他需要再超过2名运动员。

2 空间

理解上面和下面

漫画中的数学故事

李安觉得在他们头顶上面飞着的乌鸦十分奇怪。
李安和菲利普教会了爱丽丝"上面"和"下面"这两个方向。

你刚才说，乌鸦在你的"头顶上面"是什么意思呀？

当我们讨论上面和下面的时候，选择一个视角是很重要的。

这里是上面，这里是下面。

小结

-帕维尔家在爱丽丝家的下面。

-同时，他的家又在李安家的上面。

练习 02 仔细观察图片。在（　）中描述正确的词语上画圈。

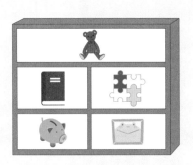

（1）泰迪熊在相框的（上面，下面）。

（2）小猪储蓄罐在书的（上面，下面）。

练习 02-1 仔细观察图片。选出描述不正确的句子。

①椅子在桌子的下面。

②棒球手套在桌子的上面。

③书本在桌子的下面。

④台灯在桌子的上面。

练习 02-2 阅读下面的对话。分析魔法卡片在哪里。

爱丽丝：李安，你知道我的魔法卡片放在哪里了吗？

李　安：在第4个抽屉里。

爱丽丝：你刚才在说什么？我没听见。

李　安：我说，它在从下面数第2个抽屉里！

理解左面和右面

漫画中的数学故事

当他们在玩黑暗游戏的时候，爱丽丝必须指挥带着眼罩的李安前进。
然而，爱丽丝分不清右面左面，
所以李安在一面墙上把自己的头给撞了。

"旁边"可以被区分为"左面"和"右面"。

小结

李安　　　　　菲利普　　　　　爱丽丝

左面

右面

-菲利普在李安的右面。
-同时，菲利普又在爱丽丝的左面。

练习 03 仔细观察图片。写出在葡萄的左边和右边的水果名称。

（1）葡萄右面的水果：_____

（2）葡萄左面的水果：_____

练习 03-1 仔细观察图片。选出关于图中标问号的 ? 地方描述不正确的句子。

①它的位置在从下面数第四个，从左面数第二列。

②它在绿色的眼镜左面第2个。

③它在黑色的眼镜左面第3个。

④它在黄色的眼镜上面第3个。

练习 03-2 使用方框中的词语，来描述对于爱丽丝来说，面包店所在的方向。

上面，下面，左面，右面

_____

_____

从不同角度观察物体

漫画中的数学故事

好朋友们在向诺米描述拉顿的样子。
他们都在用自己的记忆来描述着他。

那好，他的名字叫作拉顿。我们先从"他很高"开始。从正面看，他是什么样子的呢？

他的脸很小，皮肤很白。

他有一双蓝绿色的眼睛。

他没有留胡子。

从背面看，他是什么样子呢？

他有一头波浪形的金色长发。

而且他还穿着一身银色的斗篷。

寻找爱丽丝

一个物体，如果你从上面，正面，侧面或者后面观察它的话，会看到不同的样子。

小结

| 前面 | 后面 | 侧面 | 上面 |

仔细观察图片。圈出从女孩的角度看到的大熊猫的样子。

(   )   (   )

练习 04-1 ◀ 仔细观察图片孩子们的朝向。选出搭配正确的一项。

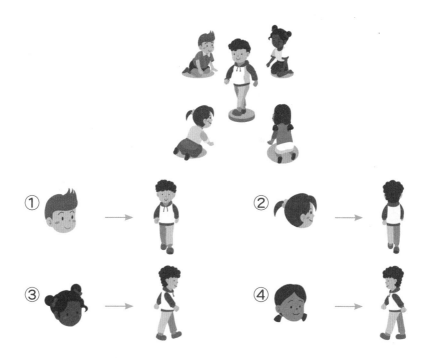

练习 04-2 ◀ 从女孩的角度看到的椅子是什么样的？
在正确的图片的括号里画上一个圆圈。

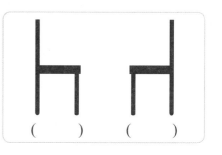

(   )   (   )

5 空间

从不同角度观察物体

好朋友们画了一幅爱丽丝的图片。
他们很担心能否及时地找到爱丽丝。

如果你从不同的角度来观察
爱丽丝的话，你能够更加清
楚的了解她的样子。

小结

练习 05 仔细观察图片。选择出房子正确的样子，在（ ）中画圈。

正面　　　侧面　　　上面

（　　）　　（　　）　　（　　）

练习 05-1 仔细观察图片。选择出观察的是哪个物体。

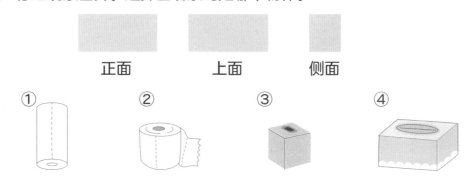

正面　　　　上面　　　　侧面

① ② ③ ④

练习 05-2 仔细观察图片。回答下面的问题。

① ② ③ ④

（1）写出从上面看，是这个 [　] 形状的物体。

（2）写出从上面看，是这个 ● 形状的物体。

（3）写出从侧面看，是这个 形状的物体。

6 空间

理解什么是东、西、北、南

漫画中的数学故事

诺米用一个指南针来帮助大家更好地找到塔塔罗斯，爱丽丝就被藏了在那里。指南针可以告诉我们东、南、西和北是哪个方向。

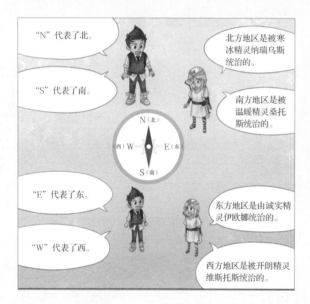

如果你想要辨认方向的话，你需要一个指南针来帮助你。

小结

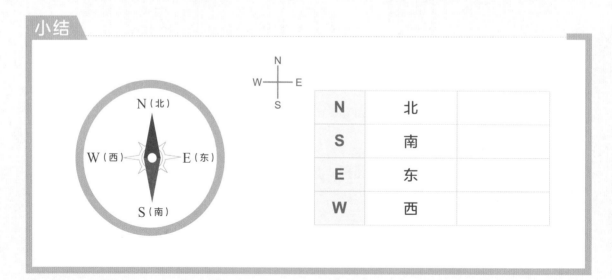

N	北	
S	南	
E	东	
W	西	

在下面的 □ 中写出不同的方向。

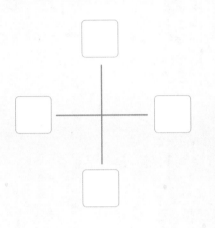

（东、南、西、北）

练习 06-1 ◄ 阅读下面的说明。在地图上标出沃尔特先生家所在的位置。

沃尔特先生：我的家在爱丽丝的家的西面1格，南面2格的
位置。

练习 06-2 ◄ 选择出描述错误的句子。然后把错误的句子修正改写成正确的句子。

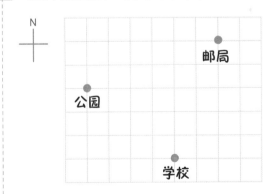

① 公园在学校北面3格，西面
4格的位置。

② 邮局在学校北面5格，东面
2格的位置。

③ 学校在公园东面6格，北面
2格的位置。

（1）错误的句子：（　　　）

（2）修改后的句子：

7 空间

理解不同的方向

大家都去塔塔罗斯找爱丽丝了!

诺米和李安向大家解释了在北方和西方之间的方向是什么。

总有时候，只是靠东、南、西、北想指引出正确的方向是不够的。

小结

总有时候只是靠四个方向是不够的。你可以用八个方向来更准确地表达位置!

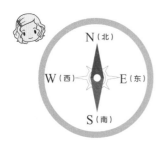

在北方和西方中间的方向 → 西北方向

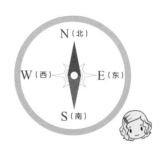

在南方和东方中间的方向 → 东南方向

在下面的 □ 中写出正确的方向。

仔细阅读下面的非洲北部的地图。选择正确的句子。

①苏丹位于尼日尔的西北部。

②毛里塔尼亚位于尼日尔的西南部。

③埃塞俄比亚位于尼日尔的东南部。

④阿尔及利亚位于尼日尔的东北部。

仔细阅读地图。选择出描述错误的句子。

①菲利普的家在沃尔特先生的家的东南方向。

②沃尔特先生的家在菲利普的家的东南方向。

③王宫在菲利普的家的东北方向。

④王宫在沃尔特先生的家的正东方向。

8 空间

用小方块来堆出各种形状

漫画中的数学故事

好朋友们终于到达塔塔罗斯了！

然而，除非他们先把建筑小方块的问题解决了，不然他们是无法进入城堡的。

> 在你们面前放着的，是建筑用的方块！

> 请用4个方块，堆成一个3层的形状。

> 一个有3层的形状……

你可以用建筑小方块来堆出不同的形状，只要通过改变它们摆放的方式就行了。

小结

你可以用3个小方块摆下面的形状。

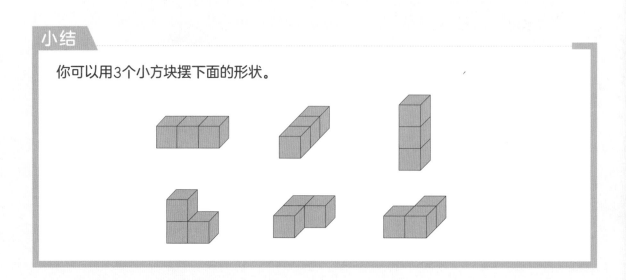

堆出下面这些图形需要多少个小方块?

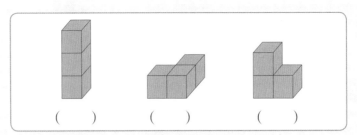

( )　　　　( )　　　　( )

练习 08-1 ◀　仔细观察图片。选出不是只用4个小方块就能堆成的形状。

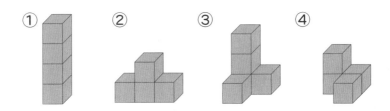

① ② ③ ④

练习 08-2 ◀　仔细观察图片。选出所有用5个小方块堆成的形状。

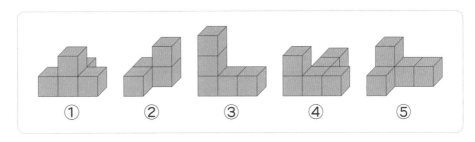

① ② ③ ④ ⑤

9 空间

用小方块堆出相同的形状

漫画中的数学故事

为了找到爱丽丝，她的好朋友们需要齐心合力来解决建筑小方块的谜题。
看起来塞伯鲁斯还是给他们制造了不少麻烦。

哈 哈 哈 哈

重新堆成你们刚才看到的那个形状。

什么？你一开始就应该告诉我们啊！

对啊！

当使用建筑小方块来堆出同样的形状的时候，非常重要的一点就是要从不同的方向去观察。

小结

你可以用小方块来堆出下面的形状。

在下面四个图中，选择出与方框里的形状完全一样的图形。

方框

① 　② 　③ 　④

 练习 09-1

选择与李安描述一致的图形。

首先，先把2个小方块上下粘在一起形成一个组合。
然后，在组合的左边放1个，在后面放1个。
最后，在组合后面的那个方块的右边放1个方块。

① 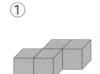　② 　③ 　④

 练习 09-2

选择出与李安的描述一致的所有的图形。

首先，把三个小方块从左到右放好。
在最左边的小方块的顶上粘贴上两个竖着的小方块。
在中间的小方块的前面和后面各放上一个小方块。
最后，在最右边的小方块的旁边再放两个小方块。

① 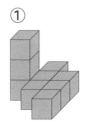　② 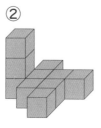　③ 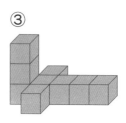　④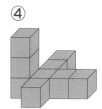

空间

理解不同的方向

题目 下面这个图形是用小方块堆成的。图中是它从正面看的形状。
选择出从侧面看他不可能是哪个形状。

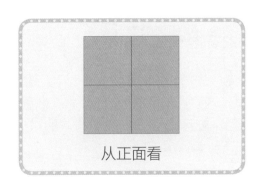

从正面看

① ② ③ ④

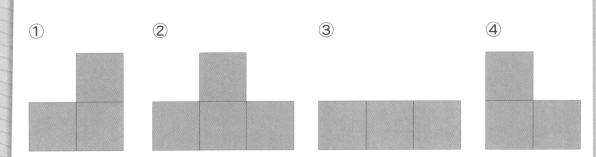

理解东方、西方、南方、北方等方位

题目 李安正在搭乘一辆出租车去文具店。箭头指向的位置是李安现在所在的位置。在地图上标出去文具店的路，并写下他此时将使用的左转或者右转的转弯方向指示灯的标志。

① ②

转弯方向指示灯：(　　　　) → (　　　　)

图书在版编目（CIP）数据

李安的数学冒险. 空间 / 韩国唯读传媒著；袁少杰
译. -- 南昌：江西高校出版社，2022.1
　　ISBN 978-7-5762-2189-3

　　Ⅰ. ①李… Ⅱ. ①韩… ②袁… Ⅲ. ①数学 – 少儿读
物 Ⅳ. ①O1-49

　　中国版本图书馆CIP数据核字(2021)第212374号

策划编辑：刘　童
责任编辑：刘　童
美术编辑：龙洁平
责任印制：陈　全

出版发行：江西高校出版社
社　　址：南昌市洪都北大道96号（330046）
网　　址：www.juacp.com
读者热线：(010)64460237
销售电话：(010)64461648

印　　刷：北京瑞禾彩色印刷有限公司
开　　本：787 mm×1092 mm　1/16
印　　张：11.75
字　　数：150千字
版　　次：2022年1月第1版
印　　次：2022年1月第1次印刷
书　　号：ISBN 978-7-5762-2189-3
定　　价：35.00元

赣版权登字-07-2021-1438　版权所有　侵权必究